ESQUISSE

D'UNE MONOGRAPHIE

DU GENRE SCUTELLARIA,

ou Toque,

PAR M. ARTHUR HAMILTON,

ESQ., MEMBRE DE LA SOCIÉTÉ DE PHILOSOPHIE DE GENÈVE,

SUIVIE DU RÉTABLISSEMENT

DU GENRE SCORODONIA DE MŒNCH

ET D'UN MÉMOIRE

SUR LE FRUIT ET L'EMBRYON DES LABIÉES,

PAR M. N. C. SERINGE;

Lus à la Société Linnéenne de Lyon,
en décembre 1831.

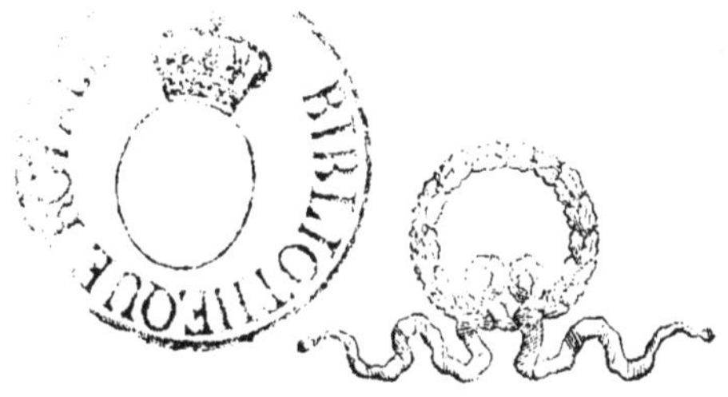

LYON.

IMPRIMERIE DE LOUIS PERRIN,

GRANDE RUE MERCIÈRE, N° 49.

1832.

ERRATA.

Pag. 34, lign. 28, au lieu de Purth, *lisez* Pursh.
— 42, — 5, au lieu de Purth, *lisez* Pursh.

Au lieu de *Linnée*, qui se trouve plusieurs fois dans ces Mémoires, *lisez* LINNÉ.

ESQUISSE

D'UNE MONOGRAPHIE

DU GENRE SCUTELLARIA,

OU TOQUE.

Par M. Arthur Hamilton.

Telle imparfaite que soit cette esquisse du genre *Scutellaria*, j'ai cru devoir la publier, pour que les recherches que j'ai faites, purement dans le but de savoir comment il fallait s'y prendre dans de pareils travaux, pussent être utilisées. Cet opuscule m'offre aussi le moyen de témoigner publiquement ma reconnaissance à M. *De Candolle*, qui m'a permis avec beaucoup de bienveillance de faire des recherches dans son immense herbier et dans sa bibliothèque; à M. *Seringe*, qui m'a beaucoup aidé de ses conseils, et à M. *Heyland*, qui a contribué, par ses analyses de la *Scutellaria albida*, à mieux faire connaître le singulier mode de développement du calice dans ce genre.

J'ai essayé aussi de donner les caractères des genres et des espèces en français, pour montrer que, dans cette langue surtout où les mots techniques sont la plupart empruntés du latin ou du grec, et dont les finales seulement sont modifiées, il est possible d'être court et clair.

Ce travail est divisé en trois parties. La première renferme des détails organographiques du genre *Scutellaria*. La deuxième, sa description, ses sections, ses espèces et ses variétés; dans un article à part, sont placées les espèces peu connues, et qui conséquemment n'ont pu être rapportées à l'une des trois sections; et enfin, on a noté celles qui ne portent que des noms sans description quelconque. Ce genre a actuellement cinquante-deux espèces, presque toutes européennes, dont quarante-deux sont assez bien connues. Ces dernières sont rapportées à trois sections. Dans la première, *Lupulinaria*, les bractées sont membraneuses et rapprochées de manière à imiter le cône foliacé ou fruit du houblon; elle contient sept espèces. La deuxième, *Stachymacris* (grand épi), se distingue par ses longs épis à bractées peu apparentes et non semblables aux feuilles; elle renferme vingt-une espèces. Dans la troisième enfin, nommée *Galericularia*, rentrent douze espèces; elle a pour caractère d'avoir les feuilles et les bractées semblables et diminuant progressivement de la base au sommet.

PREMIÈRE PARTIE.

Aperçu sur les organes.

La GERMINATION, observée sur un très petit nombre d'espèces, ne m'a paru présenter aucun caractère tranché; les cotylédons sont obovés.

La RACINE est tantôt annuelle, tantôt vivace; elle est formée de fibrilles capillaires nombreuses.

La TIGE est, comme dans presque toutes les Labiées, carrée, glabre ou velue, ordinairement dressée, rarement étalée (*S. Alpina*), souvent annuelle, simple ou rameuse vers sa base, beaucoup plus rarement vers son sommet, rarement radicante.

Les FEUILLES, comme dans toutes les *Labiées*, sont simples, à nervures pennées, peu dentées ou crénelées, opposées-croisées, oblongues ou cordiformes, ordinairement pétiolées, souvent marquées à leur face inférieure de points déprimés nombreux, visibles seulement à la loupe.

Les RAMEAUX, lorsqu'ils existent, sont disposés comme les feuilles, à moins qu'il n'y ait quelques avortements, et sont carrés.

Les BRACTÉES ont tantôt la forme des feuilles et leur intégrité ou dentation, et c'est ce que les auteurs nomment alors improprement *feuilles florales*, ou bien sont entières, tandis que les feuilles sont dentées, et c'est alors ce que les auteurs nomment bractées. L'un de ces noms étant entièrement superflu, je me servirai dans tous les cas du mot de *bractées*, dont j'indiquerai la forme et la dentation plus ou moins profonde. Ces organes pourront mieux, que ceux qui précédent, caractériser les groupes, et c'est d'eux et de la disposition des fleurs, que je me suis servi pour former les trois sections, dans lesquelles j'ai placé toutes les espèces que j'ai pu voir vivantes, sèches ou figurées, ou dont les descriptions ne sont pas trop incomplètes. Ces bractées, quoique assez fixes dans les groupes, offrent cependant assez de différences d'une espèce à l'autre. Quelquefois elles sont presque aussi grandes que les feuilles et de la même nature qu'elles; d'autres fois elles diffèrent dans leur consistance et leur nervation, car, dans la section *Lupulinaria*, elles sont membraneuses, à nervures presque paralleles et imbriquées, de manière à rappeler assez bien les cônes herbacés du houblon.

Les FLEURS, dans la plupart des espèces, sont solitaires aux aisselles des bractées, tantôt ascendentes et alors sessiles, d'autrefois courtement pédicellées et alors portées toutes d'un seul côté (l'inférieur), (sect. *Stachymacris*), rarement les pédicelles donnent naissance à deux bractéoles sétacées opposées.

Le CALICE offre dans son développement un de ces phénomènes physiologiques rares. Cinq sépales le constituent comme dans toutes ces labiées. Leur soudure est complète, de manière que le limbe est réduit à l'orifice du calice qui semble tronqué. La partie supérieure de ce calice porte, dit-on, une écaille en forme d'écuelle; ce qui a fait donner à ce genre le nom de *Scutellaria*. Cette prétendue écaille est véritablement le lobe supérieur du calice, ou autrement dit le lobe moyen de la lèvre supérieure. Si on l'examine au moment de l'épanouissement de la corolle ou pendant la maturation, il est impossible de prendre une idée juste des parties qui le composent, ou plutôt il est impossible de se rendre compte de sa singulière forme. Il faut l'observer dès le moment où il est à peine développé, ou plutôt longtemps avant l'apparition de la corolle. A cette époque il ressemble, quoique la comparaison soit un peu grossière, à deux cymbales, dont les bords seraient appliqués l'un contre l'autre et dont plus de la moitié de ces bords serait soudée. A cette époque la partie supérieure du calice, ou autrement dit celle qui répond à l'axe des fleurs, présente une ligne presque circulaire qui indique le sépale supérieur à l'état rudimentaire (table, 1, f. 1 et 2, a). Ce sépale ne s'étend pas jusqu'à l'orifice du calice, dont le limbe n'est réellement formé que par les quatre autres sépales; ce que montre très distinctement l'échancrure de chacune des lèvres. Les deux sépales latéraux dans leur très jeune âge sont triangulaires (t. 1, f. 1. 2, b); leurs deux bords supérieurs ou internes sont en contact, et soudés l'un à l'autre; leur bord un peu courbe est réuni aux deux bords du sépale supérieur, lequel formera avec le temps l'espèce d'écuelle. Enfin le troisième bord des sépales latéraux est soudé par sa base à la lèvre inférieure, et sa partie supérieure libre forme la lèvre supérieure du calice, qui dans cet âge est légèrement échancrée. La lettre *c*, dans toutes les figures de la table première, indique la lèvre inférieure à peine échancrée.

Voilà bien l'état primitif du calice, mais comment s'accroît-il ? C'est la lèvre inférieure qui prend le moins de développement, les lobes latéraux de la supérieure, s'alongent en même temps que le supérieur, qui, de plane, devient concave en dessus, c'est donc celui-ci qui prend la plus grande étendue (t. 1 ; f. 5, 6, 7 ; a, et autres figures sous la même lettre). Pendant tout cet accroissement le tube apparent du calice a pris aussi un léger développement. Au moment où la corolle s'épanouit les différentes parties du calice ont acquis un certain accroissement, mais le sépale supérieur, qui forme l'écuelle proprement dite, continue à croître jusqu'à la maturité. Dès la chute de la corolle (t. 1, f. 10; a, b), le développement du sépale supérieur, entraîne en haut une portion du bord des sépales latéraux soudés au sépale supérieur, de manière que l'écuelle à une espèce de double fond, formé par une portion des sépales latéraux, comme l'indique la table 1, f. 10, représentant un calice grandi, coupé longitudinalement.

Alors au lieu de persister comme dans toutes les autres labiées, toute sa lèvre supérieure se détache de l'inférieure, qui seule alors persiste, quoique desséchée, et porte intérieurement à sa base l'axe floral (gynobase) conique, terminé par les deux carpelles didymes (t. 1 ; f. 12 ; c, m, n).

D'ailleurs ce calice varie beaucoup en grandeur, surtout dans son sépale supérieur ou écuelle. Il est tantôt glabre, d'autres fois couverts de longs poils lymphatiques, seuls ou entremêlés de poils glanduleux;

quelquefois plus petit que le reste du calice, d'autres fois beaucoup plus grand.

La COROLLE, avant son épanouissement complet, est ordinairement obconique, souvent comprimée latéralement ; elle naît de la base de l'axe pyramidal de la fleur, placé dans la corolle; son tube, arqué vers sa base, dépasse beaucoup l'orifice du calice, dont les deux lèvres sont écartées par la présence de la corolle. A sa chute le calice est entièrement clos, non seulement par les deux lèvres en contact, mais encore quelquefois par un cercle de poils placé à la face intérieure du tube.

L'ORIFICE DE LA COROLLE est fermé, avant l'épanouissement, par l'inflexion des cinq lobes alternes avec ceux du calice, comme dans toutes les Labiées ; l'estivation est régulièrement quinconciale; le lobe moyen de la lèvre inférieure est replié, sur lui le sont les deux latéraux, et enfin les deux, à peine distincts de la lèvre supérieure, recouvrent tous les autres ; c'est ce que représente bien surtout la fig. 14 de la table 1 ; d, e, f.

L'ANDROCÉ est soudé à la corolle; comme dans presque toutes les *Labiées*, il est didyname; l'étamine, qui, dans sa position relative, devrait être devant la lèvre supérieure, manque. Les deux étamines les plus courtes naissent devant la soudure des deux lèvres; et les inférieures, qui sont les plus longues, devant celle des lobes latéraux et de l'inférieur. Toutes ont leur filet déjeté vers la lèvre supérieure, et leur sommet, pendant l'estivation, est incliné du côté de l'inférieure (t. 1, f. 18), mais se dressent ensuite (f. 19); les longues ont un petit connectif (t. 1. f; 18, k). Les anthères sont à deux loges réniformes et s'ouvrent latéralement.

Le STYLE est très long, arqué, devant le milieu de la lèvre supérieure, à la place où devrait être l'étamine supérieure; son sommet est fourchu, et les stigmates sont aigus.

Les carpelles, didymes, sont portés sur l'axe floral (gynobase) pyramidal (t. 1, f. 20, 21) et s'élèvent au milieu du calice, dont la lèvre inférieure persiste, ainsi que l'axe, jusqu'à la maturité des graines (t. 1; f. 11, 12; c). Chaque hémicarpelle est chagriné, il renferme étroitement une graine presque ovoïde (t. 1; f. 22; p, q, r); il est tantôt marqué de points déprimés d'où partent de petites houpes de poil, d'autrefois au contraire relevé de tubercules verruqueux.

L'EMBRYON est nu sous la moitié du carpelle et sous le spermoderme. Les cotylédons sont appliqués l'un sur l'autre, et la RADICULE est fléchie sur le dos de l'un des cotylédons.

DEUXIÈME PARTIE.

Description du genre Scutellaria (en français *Toque* ou *Scutellaire*), *de ses sous-genres, espèces et variétés.*

Calice dont le sépale supérieur est en forme d'écuelle et ne concourant pas à former le limbe, à orifice tronqué et clos pendant la maturation par le rapprochement des deux lèvres, se rompant à la maturité entre ces mêmes lèvres, l'inférieure persistant avec l'axe floral pyramidal ; graine à radicule dirigée sur le dos de l'un des cotylédons planes. Fleurs solitaires aux aisselles des bractées lancéolées ou oblongues, rarement disposées en rameaux axillaires; feuilles lancéolées, cordiformes ou linéaires, entières ou dentées; racine annuelle ou vivace.

Ces caractères distinguent fort clairement ce genre de tous les autres dans les Labiées, il forme un groupe très naturel avec le genre *Scorodonia.*

Section première. LUPULINARIA (Arth. Hamilt.). *Fleurs disposées en épi serré, solitaires aux aisselles des bractées imbriquées au moins au commencement de la fleuraison, ordinairement entières (dentées dans la S. pinnatifida), le plus souvent membraneuses, concaves; feuilles ovoïdes ou cordiformes, crénelées ou dentées.*

1. S. Alpina (Linn. spec. 834) pubescente; tige couchée, rameuse dès sa base, à rameaux ascendants; feuilles cordiformes-lancéolées, obtuses, crénelées, concolores, courtement pétiolées; fleurs violettes disposées en épi serré; lèvre supérieure de la corolle large et en faulx; bractées lancéolées, membraneuses, acuminées, colorées, tombant avec la lèvre supérieure du calice; hémicarpelles obovés, couverts de poils couchés, marqués sur la face où se trouve la radicule de deux sillons longitudinaux. — (*Vivace*). Habite les Alpes de l'Europe, les Pyrénées, les monts Altaï, etc., la Cochinchine, d'après Sprengel. All. fl. pedem. n. 142, t. 26, f. 3. Poir. encycl. 7, p. 702, n. 5. Waldst. et Kit. plant. rar. 2, p. 146. t. 137. Willd. spec. 3, p. 171, n. 3. Spreng. syst. 2, p. 702, n. 20. (*Scutellaire* ou *toque des Alpes.*) Vue spontanée et cultivée dans les herbiers De Candolle et Seringe.

2. S. lupulina (Linn. spec. p. 835) pubescente; tige couchée, rameuse dès sa base, à rameaux ascendants; feuilles cordiformes-lancéolées, obtuses, crénelées plus ou moins profondément, concolores, constamment pétiolées; fleurs jaunes ou teintes de rouge, disposées en épi un peu allongé; lèvre supérieure de la corolle courbée en hameçon; bractées lancéolées, membraneuses, acuminées, jaunâtres; hémicarpelles....—(*Vivace*). Habite la Sibérie, la Tartarie, les monts Ural et Altaï (d'après les exemples que M. De Candolle tient de M. Fischer). Willd. spec. 3, p. 172, n. 4. Poir. encycl. 7, p. 703, n. 6. Spreng. syst. 2, p. 702, n. 28.

Schmid icon. (*Scutellaire* ou *toque houblon*). Vue dans les herbiers De Candolle et Seringe.

A. — *serrata* (Arth. Hamilt.). Feuilles dentées en scie, crénelées. — Habite les monts Ural et Altaï (*var. dentée en scie*). Vue dans les herbiers De Candolle et Seringe.

B. — *crenata* (Arth. Hamilt.). Feuilles profondément crénelées (*var. crénelée*). Vue dans l'herbier De Candolle.

Cette espèce très voisine de l'*Alpina*, malgré que M. Sprengel les sépare par sept espèces, qui n'ont pas le moindre rapport avec elle, me paraît cependant devoir être conservée. Peut-être les fruits offriront-ils quelques caractères; mais telle que cette plante se trouve dans les jardins, et elle ressemble parfaitement aux exemplaires de M. Fischer, elle est tantôt à fleurs jaunes, d'autrefois avec les lèvres de la corolle rougeâtres. Les tiges sont moins étalées, les rameaux plus grands, plus forts; les feuilles aussi plus grandes que dans l'*Alpina* et plus jaunâtres; les bractées et les fleurs sont plus nombreuses et plus grandes, jamais d'un violet très intense; la plante en général est moins pubescente, et l'épi, avant la fleuraison, ressemble assez bien au fruit du houblon. Un autre caractère qu'on ne peut presque exprimer existe encore dans la corolle; la lèvre supérieure dans l'*Alpina* est peu courbée et se termine insensiblement en pointe obtuse, tandis que dans la *lupulina*, elle tend plutôt à être courbée en hameçon qu'en faulx, et dans ce dernier cas, cette lèvre est plus écartée de l'inférieure. D'ailleurs si la fleur de la *lupulina* est rouge, les bractées tendent aussi à se colorer.

3. S. GRANDIFLORA (Curt. bot. mag. t. 635.) pubescente; tige dressée; feuilles cordiformes, crénelées, concolores, à

pétiole de la longueur du limbe ; fleurs peu nombreuses (3—6), naissant de l'aisselle des bractées........ entières ; hémicarpelles..... — (*Vivace*). Habite la Sibérie. Poir. encycl. 7, p. 702, n. 2. Spreng. syst. 2, p. 701, n. 16. bot. mag. t. 635.

Cette espèce, dont je n'ai pu voir que la figure citée, me semble assez distincte des deux précédentes par ses tiges ascendantes, ses pétioles de la longueur du limbe, et par le petit nombre de fleurs qui ressemblent beaucoup, quant à la lèvre supérieure, à celles de l'*Alpina*. Ni la nature, ni la forme des bractées n'est désignée ; on décrit seulement une corolle rougeâtre à long tube, à lèvre inférieure jaunâtre, un épi de fleurs court et tétragone.

4. S. Caucasica (Arth. Hamilt.) pubescente ; tige rameuse dès la base ; rameaux ascendants ; feuilles triangulaires presque cunéiformes à leur base, manifestement pétiolées, profondément crénelées, courtement tomenteuses et blanches en dessous, pubescentes en dessus ; fleurs disposées en épi serré ; bractées très larges membraneuses, acuminées, ciliées, d'ailleurs glabres ; fleurs jaunes. — (*Vivace*). Habite le Caucase. (*Scutellaire* ou *toque du Caucase*). Vue sèche dans l'herbier De Candolle, communiquée par M. Fischer.

Cette espèce très voisine de la *S. Orientalis*, s'en distingue cependant très bien par ses très larges bractées, membraneuses et un peu colorées ; ce qui la rapproche aussi de la *S. lupulina*, dont elle diffère cependant par ses feuilles très blanches en dessous, et qui ressemblent à celles du *Dryas octopetala*. Cette plante, par ses larges bractées, mériterait plus qu'aucune autre le nom de *lupulina*; car ce sont les plus larges du genre. Elles forment une espèce de cône foliacé semblable à celui du houblon. D'ailleurs il se pourrait que ce fût la *S. Altaïca Fisch.*, dont je ne connais ni figure, ni description, ni exemplaires nommés ainsi.

5. S. ORIENTALIS (Linn. spec. 834), laineuse, surtout à la face inférieure des feuilles; tige très rameuse dès la base, à rameaux étalés sur terre; feuilles triangulaires lancéolées, souvent comme tronquées à leur base, manifestement pétiolées, profondément crénelées, tomenteuses en dessous; fleurs en épis lâches, pédicellées, jaunes ou légèrement pourprées; bractées lancéolées-aiguës, foliacées, tomenteuses; hémicarpelles.... — (*Vivace*). Habite l'Asie-Mineure. Willd. spec. 3, p. 171, n. 1. Poir. encycl. 7, p. 701, n. 1. Pers. ench. 2, p. 136, n. 1. Spreng. syst. 2, p. 702, n. 18. Tourn. itin. 3, p. 306, t. 306. (*S. d'Orient.*)

A. — *macrophylla* (Arth. Hamilt.) feuilles larges, de deux couleurs, tomenteuses et très blanches en dessous, d'un vert jaunâtre et pubescentes en dessus, manifestement crénelées; bractées foliacées naviculaires larges et tomenteuses. Les feuilles de cette variété ressemblent beaucoup à celles du *Dryas octopetala* (*var. à grandes feuilles de la Scutellaire d'Orient*). Cult. vue dans les herbiers De Candolle et Seringe.

B. — *angusta* (Arth. Hamilt.) feuilles lancéolées, de deux couleurs, tomenteuses et très blanches en dessous, courtement tomenteuses en dessus, bractées lancéolées-linéaires, foliacées, naviculaires — (*var. à feuilles et bractées étroites de la Scutellaire d'Orient*). Vue dans l'herbier De Candolle; envoyée de Crète par M. d'Urville, et cult. dans l'herbier Seringe.

C.— *microphylla* (Arth. Hamilt.) feuilles crénelées, pinnatifides, tomenteuses sur les deux faces, très petites; rameaux très nombreux; bractées lancéolées-linéaires aiguës naviculaires. — Var. B. Willd. spec. et Poir. (*var. à feuilles petites et profondément découpées de la Scutellaire d'Orient.*) Vue dans l'herbier De Candolle, venant du mont Olympe (Sibthorp.) et de Crimée (Beaupré).

6. S. FRUTICOSA (Desfont. cat. p. 63); tige dure, ligneuse, cylindrique, pubescente, ainsi que toute la plante; feuilles petites, cordiformes, tomenteuses et crénelées; fleurs disposées en épi lâche; bractées naviculaires, lancéolées-linéaires, tomenteuses, fleurs très grandes, poilues. —(*Vivace*). Habite l'Orient. Poir. encycl. 7, p. 702, n. 4. Pers. ench. 2, p. 136, n. 4. (*Scutellaire ligneuse.*) Vue dans l'herbier De Candolle; communiquée par M. Labillardière.

Cette plante a de très grands rapports avec la *S. Orientalis*, dont elle pourrait bien n'être qu'une variété. Il est étonnant que M. Desfontaines n'en fasse pas mention dans le Catalogue du Jardin de Paris, édition de 1829, à moins qu'elle n'y existe plus. Peut-être a-t-il cru devoir la réunir à une autre espèce. Les feuilles sont crépues à la manière de la sauge officinale.

7. S. PINNATIFIDA (Arth. Hamilt. tab. 2, f. 2), entièrement poilue; feuilles ovales, concolores, pétiolées, couvertes de longs poils, pinnatifides, à lobes oblongs et obtus; fleurs disposées en épi lâchement imbriqué; bractées ovales dentées presque foliacées. — (*Vivace*). Habite entre Kermancha et Amadan (*S.* ou *toque pinnatifide*). Vue dans l'herb. De Candolle, provenant de l'herbier Olivier.

Cette plante diffère de la *Toque d'Orient*, par ses fleurs un peu plus grandes, ses bractées pinnatifides et ses feuilles profondément découpées, laineuses sur leurs deux faces.

Section deuxième. STACHYMACRIS (Arth. Ham.). *Fleurs disposées en épis lâches, solitaires aux aisselles des bractées et toutes portées d'un seul côté; bractées foliacées entières ; feuilles ordinairement cordiformes presque toujours crénelées.*

Cette section se reconnaît facilement à ses longs épis, dont les bractées sont le plus souvent écartées les unes des autres, et dont toutes les fleurs sont tournées du côté inférieur du rameau, tandis que leurs bractées sont dirigées en haut. Les feuilles sont ordinairement cordiformes, largement crénelées, souvent obtuses, et sont les plus larges du genre, en proportion de leur longueur.

8. S. COMMUTATA (Guss. prodr. fl. sicul. 2, p. 136!) tige à angles pubescents; feuilles cordiformes, courtes, obtuses, largement crénelées, pubescentes sur les nervures et ciliées; bractées lancéolées, acuminées, ciliées, pétiolées, dépassant les calices ; rameaux floraux et calices couverts de poils lymphatiques et de poils glanduleux ; corolles environ trois fois plus grandes que les calices.—(*Vivace*). Habite le Caucase (Fischer) ; la Hongrie. *S. peregrina*. Waldst. et Kit. fl. hung. 2, p. 132, t. 125. non Linn. (*Scutellaire changée.*) Vue sèche spontanée dans l'herbier De Candolle, sous le nom de *S. altissima* d'après M. Fischer, et cult. herbier De Candolle et Seringe.

2

Cette espèce se trouve souvent dans les collections sous le nom d'*altissima* Linn.; mais elle ne peut convenir à la description que l'auteur suédois donne de sa plante, lequel décrit réellement par sa phrase la *S. Columnæ* d'Allioni. C'est à M. Gussone que nous devons des éclaircissements à cet égard. Cette nouvelle espèce a dû recevoir un nom nouveau, puisque la *peregrina* de Waldst. et Kitaibel n'est certainement pas celle de Linnée. D'ailleurs, elle mériterait mieux le nom d'*altissima* que celle de Linnée, car elle est plus grande qu'elle, plus ferme, et ses feuilles, les plus grandes du genre, sont cordiformes, plutôt foliacées que membraneuses lorsqu'elles sont sèches, courtes et non oblongues et membraneuses (sèches) comme le sont celles de la vraie *S. altissima*, qui d'ailleurs a des fleurs presque une fois plus longues que dans la *S. commutata*.

9. S. ALTISSIMA (Linn. spec. 856) mollement pubescente; tige pubescente sur les faces et sur les angles; feuilles lancéolées presque cordiformes, obtuses, minces et molles au toucher, plutôt obtusément dentées en scie que crénelées; bractées lancéolées, acuminées, aiguës courtement pétiolées, portant, ainsi que les calices, de très longs poils; corolles environ cinq fois plus grandes que les calices; hémicarpelles courtement ovoïdes, lenticulaires, creusés de petites fossettes circulaires de chacune desquelles naissent quelques poils.—(*Vivace*). Habite l'Italie, Vietri, Stilo, Salerne, Sarsane (herb. De C.), dans les bois de la Sicile septentrionale (Guss. et Seringe). Willd. spec. 3, p. 176, n. 16. Poir. encycl. 7, p. 706, n. 16. Pers. ench. 2, p. 136, n. 21. *S. Columnæ* All. fl. pedem. n. 145, t. 84, f. 2. Willd.

spec. 3, p. 175, n. 14. Pers. ench. 2, p. 136, n. 19. Spreng. syst. 2, p. 702, n. 22. Poir. encycl. 7, p. 707, n. 19. *S. pallida* Bieb. fl. taur. cauc. 2, p. 65, et Gussone (herb. Seringe). Spreng. syst. 2, p. 23. Gmel. sibir. 3, p. 229, n. 52, t. 45. (*S. élevée.*) Vue sèche herb. De Candolle et Seringe.

Outre les caractères indiqués à la *S. commutata*, j'ajouterai que la *S. altissima* se distingue facilement de la précédente par ses longs épis de fleurs dont l'axe et le calice sont couverts de longs poils mous, et que ses fleurs sont presque une fois plus grandes que celles de la précédente, et paraissent varier un peu dans l'intensité de leur couleur. Ce caractère n'est pas suffisant pour en séparer la *S. pallida*, d'autant plus que cette couleur est très variable dans plusieurs espèces. Les calices aussi, à la maturité, sont très gros, et enfin cette espèce a une tige souvent simple, beaucoup moins rigide.

10. S. VERSICOLOR (Nutt.) couverte de poils glanduleux; tiges à face et angles pubescents; feuilles largement cordiformes de nature foliacée et ferme, à dents peu profondes et un peu obtuses, poilues sur leurs deux faces; bractées courtement ovoïdes très larges, dépassant les calices; corolles environ trois fois plus longues que les calices. — Habite l'Ohio (Rafin), Red River. (Nuttall herb. De Candolle.) Spreng. syst. 2, p. 702, n. 38. (*Scutellaire* à fleurs changeantes.) Vue dans l'herbier De Candolle.

Cette espèce est tellement voisine de la *S. commutata*, que je crains fort que par la suite elles ne soient réunies. Cependant les deux exemplaires que j'ai vus ont les tiges très poilues; l'axe des fleurs, ainsi que les calices et les bractées, sont couverts de poils glanduleux; les fleurs sont de la grandeur de celles de la *S. commutata*; mais les bractées sont très larges, les feuilles moins profondément dentées, toutes pubescentes, sont plus fermes que dans la *commutata*. La simplicité ou la ramification de la tige ne peut pas plus, dans cette espèce que dans les autres, servir de caractère distinctif.

11. S. PEREGRINA (Linn. spec. 856. non Waldst. et Kit.) tiges très ramifiées et à rameaux effilés et étalés; feuilles fermes, cordiformes-lancéolées, manifestement crénelées, glabres et presque concolores; rameaux, calices et corolles pubescents, fleurs disposées en longs épis semblant presque nus par la petitesse des bractées lancéolées entières, presque glabres, presque obtuses; fleurs de grandeur médiocre, pourprées ou quelquefois blanchâtres, écartées; hémicarpelles ovoïdes, portant des houpes de petits points blancs.— (*Vivace.*) Habite l'Italie. Spreng. syst. 2, p. 702. Willd. spec. 3, p. 175. Poir. encycl. 7, p. 707, n. 18. Pers. ench. 2, p. 136, n. 18. (*Scutellaire voyageuse.*) Vue cultivée dans l'herbier De Candolle, et envoyée de Sicile par M. Gussone à M. Seringe.

Cette espèce se distingue facilement à ses longs rameaux rougeâtres, garnis de bractées peu visibles, à ses fleurs assez petites, rougeâtres, et à ses feuilles environ de la longueur d'un pouce, fermes, glabres, et assez régulièrement crénelées.

12. S. RUBICUNDA (Hornem! ex Spreng. syst. 2, p. 702, n. 25, et herbier Balbis) tige alongée presque cylindrique, noirâtre, courtement pubescente; feuilles lancéolées, dentées en scie, très glabres, réticulées; pétiole filiforme; brac-

tées lancéolées, pétiolées, les supérieures entières ; fleurs.... plus courtes que les bractées ; calice et corolles garnis de quelques longs poils. Patrie inconnue. (*Scutellaire rubiconde.*) Vue dans l'herbier Balbis et Seringe.

Quoique cette espèce soit très voisine de la *S. peregrina*, elle en diffère certainement par ses fleurs plus petites que les bractées, tandis que dans la précédente, l'épi de fleurs paraît nu, tant les bractées sont courtes; en outre, les feuilles sont plus petites que dans la *S. peregrina*, et les dents sont inclinées vers le sommet, tandis que dans la précédente les feuilles sont manifestement crénelées.

13. S. ALBIDA (Linn. mant. 248) tige ferme très rameuse, à rameaux ascendants, très garnis de bractées et de fleurs ; feuilles épaisses, cordiformes, lancéolées, crénelées, dentées en scie, manifestement pétiolées et courtement pubescentes ; bractées ovales, presque obtuses, entières, toujours plus longues que les calices, même à la maturité ; fleurs d'un jaune blanchâtre, à peine plus longues que les bractées.—(*Vivace*). Habite l'Orient. Arth. Hamilt., t. 1. Pers. Ench. 2, p. 136, n. 3. Willd. spec. 3, p. 171, n. 2, Spreng. syst. 2, p. 702, n. 27. Poir. encycl. 7, p. 702, n. 3. *Scutellaria teucrii facie, flore albo*, J. Bauh. hist. 3, p. 291, icon. (*Scutellaire*, ou *toque à fleurs blanches.*) Vue vivante et sèche cultivée.

Cette espèce, très fréquente dans les jardins, se reconnaît facilement à ses grandes bractées et à ses fleurs d'un jaune blanchâtre et très nombreuses, à ses grosses tiges fermes et à ses feuilles plus larges, mais ressemblant assez à celles du *Teucrium chamædrys.* A la fin de l'automne, lorsque les fleurs ne peuvent plus se développer, les bractées reprennent dans la partie supérieure des rameaux, la grandeur, la forme, la denture et la position des feuilles ; elle se reconnaît aussi à la grandeur du sépale supérieur (ou écuelle).

14. S. HIRTA (Smith in Sibth. prodr. fl. græc. 1, p. 425, fl. græc. t. 533) tige ferme, presque cylindrique; rameaux courts, à bractées et fleurs très entassées; feuilles cordiformes, fermes, largement crénelées, finement pubescentes; bractées lancéolées, aiguës, entières, pubescentes, à peine plus courtes que les fleurs, calice garni sur les bords de très longs poils blancs et rayonnants; fleurs..... Habite la Crète, mont Ida. Spreng. syst. 2, p. 702, n. 19, en excluant la synonymie. *S. nigrescens*, Spreng. syst. 2, p. 702, n. 26. (*Scutellaire hérissée.*) Vue sèche dans l'herbier Seringe, envoyée par M. Sieber.

Cette espèce, quoique voisine du *S. albida*, s'en distingue par ses feuilles une fois plus grandes, ses fleurs et ses bractées très rapprochées, et surtout par le bord de ses calices garni de longs poils blancs et rayonnants.

15. S. UTRICULATA (Labill. syr. dec. 4, p. 11, t. 6) tige élevée, hérissée de longs poils étalés; feuilles ovales, obtuses, dentées en scie; fleurs disposées en épi assez serré, purpurines et velues; bractées ovales, pétiolées, entières; calices enflés après la fleuraison; hémicarpelles arrondis, un peu ridés. — Habite le mont Liban.

Cette plante, d'après la figure qu'en a donnée Labillardière, se distingue facilement de toutes les autres à ses calices vésiculeux, qui ne se rencontrent ainsi dans aucune autre espèce, à ses fleurs purpurines longues d'un pouce, et au limbe de ses bractées presque circulaires et portées sur des pétioles presque aussi longs qu'elles.

16. S. DISCOLOR (Coleb ! ex herb. De Candolle). Feuilles cordiformes, disposées en rosette au bas de la tige, courtement elliptiques, crénelées, vertes en dessus, violettes en dessous, à nervures tomenteuses, réticulées et blanches ; fleurs disposées sur un long axe pubescent ; bractées lancéolées-linéaires, de la longueur des pédicelles ; fleurs violettes. — Habite le Napaul. (*Scutellaire à deux couleurs.*) Vue dans l'herbier De Candolle et Balbis, communiquée par M. Wallich.

Espèce très distincte par ses feuilles peu nombreuses, toutes radicules et à deux couleurs, et son long épi de fleurs qui semblent absolument dépourvues de bractées, vu leur petitesse.

17. S. INCARNATA (Vent. choix, t. 39) tiges rameuses, pubescentes, cendrées ; feuilles pétiolées, cordiformes (lancéolées, dentées dans la variété B), pubescentes en dessus, tomenteuses en dessous ; fleurs rouges ; bractées linéaires-lancéolées, de la longueur des pédicelles ; lobe supérieur du calice s'alongeant beaucoup après la fleuraison ; hémicarpelles ovales, arrondis. — (*Vivace.*) Habite l'Amérique méridionale. Spreng. syst. 2, p. 703, n. 32. (*Toque incarnate.*)

B. — *lanceolata.* Feuilles lancéolées, ovales, plus petites que dans la var. A. (Vent. l. c. t. 39, f. 2.)

Les feuilles de la variété A sont absolument de la grandeur et de la forme de celles de la *Circæa lutetiana*, et les fleurs couleur incarnate plus grandes que celles de la *S galericulata.* Un autre caractère important réside dans la grandeur remarquable du lobe supérieur du calice.

18. S. SERRATA (Andr. bot. repos. t. 494*) tige pubescente élevée, souvent terminée en panicule de fleurs; feuilles ovales, lancéolées, acuminées, largement dentées en scie, pubescentes et blanchâtres en dessous, rétrécies insensiblement en pétiole; fleurs disposées en un épi lâche; bractées lancéolées plus longues que le pédicelle, calice...; hémicarpelles...—(*Vivace.*) Habite la Virginie et la Caroline. Spreng. syst. 2, p. 703, n. 36. *S. pubescens*, Muhlenb. selon Sprengel.

Cette espèce, d'après la figure citée, a les feuilles de la *Solidago virga aurea*, crue dans des lieux ombragés, et les fleurs pourpres plus grandes que celles de la *Salvia pratensis*. Elle est sûrement distincte de la *S. polymorpha ovalifolia*, à laquelle quelques auteurs paraissent l'avoir rapportée.

19. S. PURPURASCENS (Swartz prodr. 89, symb. 2, p. 66) courtement pubescente; feuilles pétiolées, lancéolées, obtuses, bordées de larges dents obtuses, quelquefois comme tronquées à leur base ou échancrées, bordées de poils cloisonnés, minces et discolores; bractées spathulées, ciliées, de la longueur du pédicelle, qui est couvert de poils fins et courts; calice campanulé, évasé en son limbe, demi-transparent, à scutelle très grande à la maturité; hémicarpelles presque sphériques, tuberculeux, brunâtres.—Habite les îles Caraïbes (Vahl), de la Trinité (Sieber, n. 169), Caracas (M. Vargas), et la Guadeloupe (Perrottet). Willd. spec. 3, p. 174, n. 11. Spreng. syst. 2, p. 703, n. 30. Pers. ench. 2, p. 136, n. 17. Poir. encycl. 7, p. 707, n. 17. (*Toque purpurine.*) Vue dans les herbiers De Candolle, Mercier, Balbis et Seringe.

Cette espèce se distingue à ses tiges entièrement herbacées, au plus d'un pied de haut, à ses feuilles longuement pétiolées, largement ovoïdes et à dents distantes et obtuses, discolores et minces, à peine ponctuées en dessous; elles ressemblent assez à celles de la *Circæa lutetiana*. L'épi floral, peu fourni, paraît nu par la petitesse des bractées spathulées et ciliées. Le calice est très petit pendant la floraison, fortement évasé, et devient en proportion fort grand à la maturation ; il est de nature cartacée, d'un vert jaunâtre et demi-transparent. Les corolles sont moins grandes que celles de la *S. galericulata*, d'un violet pâle, blanchâtre vers le bas.

20. S. HAVANENSIS (Jack obs. 2, p. 5, t. 29) tige filiforme, obtusément carrée, couverte de poils fins serrés et ascendents; feuilles ovoïdes-trapézoïdes, à peine très obscurément crénelées, presque concolores, à peine ponctuées en dessous et presque glabres, courtement pétiolées; bractées largement ovoïdes, courtes, obtuses, pétiolées, et finement pubescentes; pédicelles pubescents, presque aussi longs que les bractées; calice court, évasé, à lobe supérieur (écuelle) dépassant le limbe pendant la fleuraison; corolle violette? pubescente, de grandeur moyenne; hémicarpelles....—(*Vivace.*) Habite la Havane sur les rochers maritimes, Saint-Domingue (Bertero). Willd. spec. 3, p. 174, n. 10. Spreng. syst. 2, p. 701, n. 6. Pers. ench. 2, p. 136, n. 16. Poir. encycl. 7, p. 707, n. 9. (*T. de la Havane.*) Vue dans l'herbier Balbis, De Candolle et Seringe.

Cette espèce, quoique assez éloignée de la précédente dans les auteurs, a cependant avec elle de grands rapports; mais elle s'en distingue facilement par ses feuilles largement lancéolées-trapézoïdes beaucoup plus petites, presque entières, et surtout par le lobe supérieur de son calice dépassant le limbe pendant la fleuraison, tandis qu'à la même époque il est très petit dans la *S. purpurascens*. D'ailleurs, la forme des bractées les distingue aussi parfaitement.

21. S. NODULOSA (Arth. Hamilt.) poilue; tige herbacée rameuse, munie de poils lymphatiques nombreux, mêlés de poils capités; feuilles longuement pétiolées, ovales, minces, concolores, largement et obtusément serretées, portant des poils cloisonnés et renflés de distance en distance, épars, principalement sur la face supérieure; pédicelles poilus, plus longs que les calices campanulés; lobe supérieur grand, dépassant le limbe; hémicarpelles...—Habite les montagnes de Nellygery (Inde orient.). M. Leschenault. (*S.* ou *toque à poils noduleux.*) Vue dans l'herbier De Candolle.

Cette espèce se distingue facilement à ses feuilles assez semblables à celles du *Salix phylicifolia* ou *nigricans*, noirâtres comme elles, très minces et garnies de poils épars cloisonnés-renflés de distance en distance, caractère que je n'ai encore rencontré dans aucune autre espèce. En outre, le lobe moyen de son calice est très grand pendant la fleuraison.

22. S. LATERIFLORA (Linn. spec. 835, n. 4) glabre; tige rameuse dès la base; feuilles cordiformes-lancéolées, aiguës, largement crénelées, pétiolées, portant à leur aisselle ou des rameaux de fleurs, ou d'autres rameaux feuillés, et portant les rameaux fleuris; bractées lancéolées-linéaires, aiguës, dépassant les calices, le plus souvent

entières; pédicelles poilus portant inférieurement deux bractées sétacées moitié plus courtes qu'eux; calice courtement campanulé, évasé, portant pendant la fleuraison une petite bosse formée par le lobe moyen de la lèvre supérieure, ensuite ne prenant jamais manifestement la forme d'une écuelle comme dans les autres espèces, mais formant plutôt une espèce de boursoufflement; hémicarpelles presque sphériques, jaunâtres, tuberculeux. — (*Vivace.*) Habite le Canada, la Virginie. Poir. encycl. 7, p. 703, n. 7. Pers. ench. 2, p. 136, n. 7. Willd. spec. 3, p. 172, n. 5. Lam. illust. t. 515, f. 2. *S. latifolia flore minore*, Rivin. t. 78. (*S.* ou *toque à fleurs latérales.*) Vue dans les herbiers De Candolle, Seringe et Balbis.

Cette plante se reconnaît facilement à ses petites grapes de fleurs naissant des aisselles des feuilles, à la tuméfaction de la lèvre supérieure de son calice demi-membraneux comme les deux espèces précédentes, et par une certaine ressemblance relativement aux ramifications des tiges et à la forme des feuilles avec la *Mercurialis annua*. Ses fleurs ont environ deux fois et demi la longueur du calice.

23. S. CELTIDIFOLIA (Arth. Hamilt.) tige très élevée, très rameuse, presque glabre; feuilles coriaces, longuement lancéolées, acuminées, arrondies à leur base, largement et obtusément dentées en scie, finement ponctuées en dessous; rameaux poilus; bractées entières, lancéolées, longuement acuminées; fleurs tomenteuses; calice campanulé, court, de la longueur du pédicelle, à lobe moyen ne dépassant pas le limbe pendant la fleuraison, puis devenant aussi grand que le reste du calice avec lequel il forme un angle droit; hémicarpelles presque ovoïdes, tuberculeux. — (*Vivace.*) Habite le Napaul. (*S.* ou *toque à*

feuille de micocoulier.) Vue dans l'herbier De Candolle, communiquée par M. Wallich.

Les feuilles de cette espèce se distinguent facilement à leur longue acumination et à leur court pétiole; d'ailleurs, elles sont assez coriaces, ne portent que quelques poils très distants sur les nervures de leur face inférieure, et ressemblent, quoique en petit, aux feuilles du *Celtis australis*.

24. S. WALLICHIANA (Arth. Hamilt. tab. 2, f. 1), pubescente sur toutes ses parties; feuilles cordiformes régulièrement crénelées, assez longuement pétiolées; bractées de la même forme que les feuilles, mais plus petites, moins profondément crénelées et à peine pétiolées; calice de la longueur du pédicelle, à lobe supérieur plus grand que le reste du calice pendant la fleuraison, puis grandissant beaucoup, et marqué de nervures nombreuses et un peu rayonnantes; hémicarpelles ovoïdes non rugueux, pubérulents. — (*Vivace.*) Habite le Napaul. (*S.* ou *toque de Wallich.*) Vue dans l'herbier De Candolle, communiquée par M. Wallich.

Cette espèce se distingue par le caractère presque propre que présente le calice, dont le lobe supérieur, surtout pendant la maturation, est plus grand que tout le reste, et par les nervures nombreuses et rayonnantes qu'il présente; d'ailleurs, les hémicarpelles que je n'ai pu observer en bon état, m'ont paru sans rugosités et comme couverts d'un duvet à peine perceptible à une forte loupe. Les fleurs sont probablement jaunâtres avec les lèvres violettes. La forme des bractées, assez semblables aux feuilles, est rare dans ce groupe.

25. S. INDICA (Linn. spec. 836, n. 11) plante de trois pouces de hauteur; feuilles ovées-orbiculaires, crénelées, courtement pétiolées; fleurs disposées en épi serré; bractées linéaires, très courtes; fleurs blanches. — Habite la Chine. Willd. spec. 3, p. 175, n. 15. Pers. ench. 2, p. 136, n. 20. Poir. encycl. 7, p. 708, n. 21. *S. sinica betonicæfolio floribus albis.* Pluk. alm. 190, t. 441, f. 1. †.

La figure qu'a donnée Plukenet de cette espèce, est si vague, qu'il se pourrait que ce ne fût pas une *Scutellaire.* D'ailleurs M. Sprengel n'en fait nullement mention dans son systême; peut-être l'aura-t-il rapportée à quelque autre genre.

26. S. COMPRESSA (Arth. Hamilt.) tige et feuilles glabres, fermes; feuilles lancéolées obtuses, dentées en scie, presque sessiles; fleurs........; fruits disposés en épi serré, dont l'axe est poilu; pédicelles fortement comprimés, de la longueur de la lèvre inférieure du calice, seule présente dans l'exemplaire qui sert à la description.—(*Vivace*). Habite les montagnes de Boughtarmen. †.

Malgré l'imperfection de l'exemplaire qui se trouve dans l'herbier De Candolle, venant de l'herbier Patrin, donné par M. Delessert, je n'ai pu me dispenser de fixer l'attention sur un exemplaire si remarquable par la densité de l'épi, formé seulement par la lèvre inférieure de nombreux calices, qui ne peuvent appartenir qu'au genre *Scutellaria*, et qui offriraient la seule espèce à pédicelles fortement comprimés, velus, ainsi que la lèvre inférieure. D'ailleurs, les feuilles fermes et glabres ressemblent, quoique en plus petit, à celles de la *Veronica teucrium.* Je la place à côté de la *S. Indica*, car c'est d'elle qu'elle semble le plus se rapprocher. (*S.* ou *toque à pédicelles comprimés.*)

27? S. MALVÆFOLIA (Humb. et Bonpl. nov. gen. et spec. 2, p. 234) tige dressée, rameuse, légèrement pubescente; feuilles pétiolées, presque orbiculaires-ovées, largement et obtusément dentées en scie, pubérulentes en dessus, glabres en dessous; fleurs pédicellées presque disposées en épi; pédicelles pubescents, courts, munis de deux bractéoles très étroites; corolle bleue; hémicarpelles presque sphériques, bruns. — (*Vivace.*) Habite les montagnes de la Nouvelle-Grenade, à cinq cents toises d'élévation. Spreng. syst. 2, p. 701, n. 15. †. Espèce trop peu connue pour lui assigner une place certaine. (*S. à feuilles de mauve.*)

28? S. CUMANENSIS (Humb. et Bonpl. l. c.) tige et rameaux ligneux, glabres, à angles renflés; feuilles pétiolées, ovées, ou ovées-circulaires, obtuses à leur base ou en forme de coin, membraneuses, pubescentes, blanchâtres en dessous; fleurs axillaires solitaires, pédicellées; calice campanulé pubescent, presque bossu; hémicapelles oblongs, convexe-trigones (?) lisses (?) glabres.—(*Sous-arbr.*) Habite les lieux secs près de Cumana. Spreng. syst. 2, p. 701, n. 11. †. Espèce trop peu connue pour lui assigner sa véritable place. (*S. ou toque de Cumana.*)

29? S. VOLUBILIS (Humb. et Bonpl. l. c.) tige grimpante, mollement pubescente; feuilles elliptiques arrondies aux deux extrémités, ou aiguës à leur base, crénelées, réticulées et membraneuses, poilues et verdâtres en dessus, tomenteuses et incanes en dessous, longues de quatorze à seize lignes, larges de neuf; fleurs solitaires, courtement pédicellées; calice campanulé; corolle rouge; hémicarpelles oblongs-trigones, lisses (?) bruns.—(*Sous-arbr.*) Habite la Nouvelle-Grenade près de Loxa, à mille soixante toises d'élévation. Spreng. syst. 2, p. 701, n. 12. †. Espèce encore trop peu connue pour lui assigner sa véritable place. (*S.* ou *toque grimpante.*)

Section troisième. GALERICULARIA (Arth. Ham.). *Bractées semblables aux feuilles, qui diminuent de grandeur de la base au sommet de la plante, toutes lancéolées-linéaires, entières, courtement pétiolées; fleurs tournées d'un côté, bractées de l'autre.*

Cette section est aussi très naturelle; elle est très distincte des précédentes, surtout par ses bractées semblables aux feuilles, mais toutes deux vont en diminuant d'étendue de la base au sommet de la plante, et souvent ces feuilles sont marquées de points déprimés en dessous, mais visibles seulement à la loupe.

30. S. Galericulata (Linn. spec. 835), presque glabre; tige simple ou rameuse; feuilles lancéolées-linéaires, insensiblement terminées en pointe, obscurément dentées en scie et glabres, comme tronquées à leur base, non ponctuées en dessous; fleurs distantes, non rassemblées au sommet; calice campanulé-tubuleux, à peine pubescent, à lobe moyen très court, et semblant naître du milieu du tube; hémicarpelles sphériques, jaunes, couverts de papilles verruqueuses. — (*Vivace.*) Habite l'Europe, l'Amérique (New-Yorck et Terre-Neuve, Boston), dans les marais. Poir. encycl. 7, p. 704, n. 10. Willd. spec. 3, p. 173, n. 6. Spreng. syst. 2, p. 701, n. 1. Pers. ench. 2, p. 136, n. 12. Bull. herb. t. 275. Lob. icon. t. 544, f. 2. Engl. bot. t. 523. Æd. fl. dan. t. 607. (*Toque tertianaire.*) Vue dans les herbiers De Candolle et Seringe.

Cette plante, dont les tiges souterraines ont quelque ressemblance avec celles du *Triticum repens*, se distingue de plusieurs autres espèces suivantes à ses feuilles tronquées à leur base, lancéolées-linéaires, insensiblement terminées en pointe, souvent violettes en dessous; à ses fleurs grandes et d'un beau bleu, et à ses calices campanulés-tubuleux, dont le lobe supérieur (ou écuelle) est extrêmement petit (un quart de la longueur totale du calice), et à ses hémicarpelles presque sphériques, jaunes, couverts de petites verrues. Cette espèce a des propriétés stomachiques et fébrifuges, d'où lui est venu son nom de *tertianaire*.

51. S. EPILOBIIFOLIA (Arth. Hamilt.) tige simple, poilue sur les angles seulement, feuilles lancéolées cordiformes, largement et très obscurément crénelées, entières au sommet, obtuses, minces, pubérulentes sur la face inférieure, et les bords, à peine pétiolées; à scutelle formant une très petite saillie vers le milieu du tube au moment de la fleuraison; pédicelle de la longueur du calice; corolle six à huit fois plus longue que le calice.—Habite les États-Unis. *S. lateriflora* Bigelow, non Linn. (*T. à feuilles d'épilobe.*) Vue dans l'herbier De Candolle.

Cette plante me paraît distincte de toutes les autres par ses feuilles assez semblables à celles de *l'Epilobium roseum*, par ses bractées les plus grandes du genre, et qu'on ne pourrait distinguer des feuilles, si ce n'était la présence des fleurs, d'autant plus que les bractées supérieures ne portent point de fleurs, et par ses calices courtement campanulés, dont le lobe moyen, très petit, saille à peine sur le tube; ses fleurs sont plus grandes que celles de la *S. galericulata*, qui a ses feuilles oblongues-lancéolées, tronquées à leur base et denticulées. Je n'ai cité avec doute M. Bigelow, que dans la crainte que l'étiquette de *lateriflora* appliquée à l'exemplaire qui me sert de type, ne le soit par méprise, car la *lateriflora* de Linnée n'a aucun rapport avec celle-ci.

32. S. HASTIFOLIA (Linn. spec. 835) presque glable; tige simple ou rameuse; feuilles triangulaires-oblongues et entières, obtuses au sommet, hastées à leur base, garnies de points nombreux déprimés en dessous; fleurs rassemblées au sommet, où les bractées diminuent brusquement de grandeur; calice courtement campanulé, très pubescent, à lobe moyen très court et couvert de poils glanduleux; hémicarpelles...—(*Vivace.*) Habite l'Allemagne (Mayence), la Suède, la France (Angers, Lyon). Willd. spec. 3, p. 173, n. 7. Poir. encyclop. 7, p. 705, n. 12. Spreng. syst. 2, p. 701, n. 2. Pers. ench. 2, p. 136, n. 12. (*Scutellaire* ou *toque hastée.*) Vue dans l'herbier De Candolle, envoyée par MM. Ziz et Batard.

Espèce très distincte de la précédente par ses feuilles entières, auriculées à leur base, par son calice très court, très évasé et poilu, et par ses fleurs un peu plus grosses et plus grandes, toutes rassemblées au sommet de la tige, d'où elles naissent de bractées beaucoup plus petites que les feuilles. Les hémicarpelles, une fois connus, présenteront peut-être encore de nouveaux caractères.

33. S. SCORDIIFOLIA (Fisch., herb. De Candolle); tige rameuse dès sa base, glabre; feuilles oblongues, émoussées à leurs deux extrémités, glabres, bordées de quelques larges crénelures peu visibles, et portant en dessous de nombreux points déprimés; fleurs dispersées le long de la tige; calice courtement campanulé, très irrégulier, très

évasé à son limbe, couverts de poils roides et très courts, tous dirigés vers le limbe. — Habite la Russie, M. Fischer. (*S.* ou *toque à feuilles de Scordium.*) Vue spontanée dans l'herbier De Candolle, et cultivée dans l'herbier Seringe.

Cette espèce, quoique très voisine de la *S. hastifolia*, en diffère par ses feuilles oblongues très obtuses, et garnies de quelques très larges et peu profondes crénelures très distantes; les calices des deux espèces se ressemblent extrêmement, mais celui de la *S. scordiifolia* porte de très gros poils coniques et courts, qui sont tous dirigés vers l'orifice, tandis que, dans la *S. hastifolia*, il est couvert de poils nombreux cylindriques et terminés par autant de glandes. Les fleurs de ces deux espèces sont d'ailleurs de même grandeur; peut-être les fruits offriraient-ils des différences, et viendraient-ils affirmer encore plus ces deux espèces, que je crois distinctes.

34. S. Adamsii (Spreng. syst. 2, p. 701, n. 14. Arth. Hamilt. t. 2, f. 5); tige glabre, inférieurement revêtue de poils infléchis; feuilles nombreuses linéaires-oblongues, très entières, obtuses, sessiles, ponctuées en dessous; fleurs nombreuses; calice campanulé, évasé, garni de poils nombreux vers l'orifice; pédicelles poilus, de la longueur du calice, et portant à leur base chacun deux bractées sétacées plus courtes que la moitié du pédicelle; calice campanulé, très évasé, poilu; scutelles assez prononcées pendant la fleuraison. — Habite la Crimée. *S. angustifolia*, Adams, non Purth. (*S.* ou *toque d'Adams.*) Vue dans l'herbier De Candolle, communiquée par M. Fischer, et de l'herbier Patrin, par M. B. Delessert.

Cette plante, dont les fleurs sont grandes et nombreuses, est certainement distincte de toutes les autres de la section par ses feuilles assez semblables à celles du *Galium boreale*, marquées en dessous de points déprimés nombreux, et très visibles, à ses gros pédicelles portant vers leur base deux bractéoles courtes, sétacées et poilues.

35. S. SQUAMULOSA (Arth. Hamilton), presque glabre; tige rameuse dès la base; feuilles presque sessiles, lancéolées, faiblement dentées en scie, nombreuses, garnies sur les deux faces de petites écailles blanchâtres, dispersées, circulaires, déprimées au centre et à peine poilues; fleurs disposées en épi mince, à bractées presque entières, diminuant de grandeur jusqu'au sommet; calice campanulé, évasé, poilu, plus long que le pédicelle, portant comme les feuilles quelques petites écailles; lobe supérieur environ de la longueur du limbe; corolle poilue, de trois lignes de long. (*Annuelle* ?)—Habite le Napaul. (*S*. ou *toque écailleuse*.) Vue dans l'herbier De Candolle, communiquée par M. Wallich.

Cette espèce a ses tiges assez grosses, mais tout-à-fait herbacées, garnies de feuilles nombreuses presque sessiles, assez semblables à celles du *Teucrium chamædrys*, et portant de petites écailles circulaires adhérentes par le centre, et dispersées sur les deux surfaces de la feuille.

36. S. MINOR (Linn. spec. 835, n. 7), presque glabre; tige simple ou rameuse, filiforme; feuilles oblongues, linéaires, obtuses, courtement pétiolées, légèrement ciliées, obscurément ponctuées en dessous; calice irrégulièrement et courtement campanulé, peu poilu; lobe supérieur semblant naître tout près du sommet; hémicarpelles ovoïdes,

d'un jaune brunâtre, couverts de papilles verruqueuses. — (*Vivace.*) Habite la France, l'Angleterre, l'Allemagne. Willd. spec. 3, p. 173, n. 8. Pers. ench. 2, p. 136, n. 11. Poir. encycl. 7, p. 705, n. 11. Spreng. syst. 2, p. 701, n. 3. Engl. bot. t. 524. Moris. hist. s. 11, t. 20, f. 8. *S. hastifolia* Thore non Linn. d'après De Candolle. fl. f. 2, n. 2616. (*S.* ou *toque naine.*) Vue dans les herbiers De Candolle et Seringe.

Cette espèce est parfaitement distincte des précédentes, d'abord par la petitesse de toutes ses parties, par l'irrégularité de son calice courtement campanulé, et par son lobe moyen semblant naître très près de l'orifice, tandis que dans le *S. Galericulata*, le calice est tubuleux-campanulé, et que ce lobe supérieur semble naître absolument au milieu de sa longueur; les hémicarpelles sont en outre beaucoup plus petits, plus allongés et un peu plus foncés que dans le *S. Galericulata.*

37. S. PARVULA (Mich. fl. bor. amer. 2, p. 11), couverte de poils courts sur toutes ses parties; tige peu rameuse; feuilles courtement ovoïdes, obtuses, sessiles, entières, ponctuées en dessous; fleurs petites, de la longueur des bractées; calice campanulé; lobe supérieur dépassant le limbe pendant la fleuraison, et prolongé en avant; hémicarpelles.... (*Annuelle.*) — Habite le Canada et le pays des Illinois. Spreng. syst. 2, p. 701, n. 7. Poir. encycl. 7, p. 706, n. 14. Pers. ench. 2, p. 136, n. 10. Hooker exot. flor. t. 106. (opt.) (*S.* ou *toque petite.*) Vue dans l'herbier De Candolle, communiquée par M. Bonjean, qui la tenait du Mississipi.

Cette plante est certainement distincte de la *S. minor*, avec laquelle elle a des rapports; ses feuilles sessiles, largement ovoïdes, pubescentes, ainsi que tout le reste de la plante, et surtout l'allongement considérable de son écusson, qui dépasse pendant la fleuraison le reste du limbe (ce que je n'ai pas encore vu dans d'autres espèces), la feront toujours facilement distinguer. Dans la *S. minor*, ce lobe est extrêmement court, même à la maturité. D'ailleurs, l'exemplaire de l'herbier De Candolle est parfaitement semblable à la figure citée.

38. S. CAROLINIANA (Lam. ill. t. 515, f. 3); feuilles linéaires-lancéolées, aiguës, glabres, pétiolées, entières; fleurs beaucoup plus grandes que les bractées; pédicelles plus longs que le calice, légèrement pubescents; calice campanulé, très court; corolle d'un blanc jaunâtre, tachée de bleu au sommet; style dépassant la lèvre supérieure. — Habite la Caroline. Poir. encycl. 7, p. 706, n. 13. Spreng. syst. 2, p. 703, n. 33. †.

D'après la figure que donne Lamark, cette plante se reconnaîtrait à des feuilles semblables à celles du *Galium boreale*, à ses bractées plus longues que le calice, et en fruit à son lobe supérieur, formant une écuelle fort large en proportion du volume du calice. Des exemplaires sur lesquels Lamark a fait son espèce, pourraient montrer s'il ne faut pas réunir cette plante à l'*hyssopifolia* †.

39. S. GRACILIS (Nutt. fl. bor. am..........); tige très simple, presque glabre; feuilles sessiles, cordiformes, très largement et obtusément dentées en scie, minces et ciliées, d'ailleurs presque glabres; pédicelle de la longueur du calice campanulé, à lobe supérieur atteignant (pendant la fleuraison) le bord du limbe, faiblement pubescent; co-

rolle deux fois plus longue que le calice et pubescente ; hémicarpelles...—(*Vivace.*) Habite les États-Unis. Spreng. syst. 2, p. 701, n. 4. *S. parviflora*, Rafin. it. (*T. alongée.*) Vue dans l'herbier De Candolle, envoyée par M. Rafinesque, venant de l'Ohio, et dans celui de M. Balbis, donnée par M. Bernhardi, et venant de New-Jersey.

Elle est bien distincte de toutes les autres de sa section, par une tige simple, ses feuilles presque aussi grandes que celles de la *Veronica urticæfolia*, et de même forme, marquées de points déprimés, distants sur leur face inférieure ; ses fleurs petites, et ses calices demi-membraneux de la même texture que les feuilles, et dont le lobe moyen égale sa longueur pendant la fleuraison.

40. S. POLYMORPHA (Arth. Hamilt.). Plante couverte sur toutes ses parties de poils nombreux recourbés ; tige simple inférieurement, divisée supérieurement en rameaux, formant une panicule courte ; feuilles marquées de points enfoncés sur leur face inférieure ; bractées dépassant à peine le calice, court et campaniforme ; lèvre supérieure très courte pendant la fleuraison, puis........... ; corolle très grande en proportion de la petitesse du calice. — Habite l'Amérique. (*Toque à feuilles variables.*)

L'incertitude que laissent les diagnoses des *S. integrifolia* et *hyssopifolia* de Linnée, qui regardait ces deux états de la même plante comme deux espèces, le mauvais choix du nom, et en outre la nécessité d'y réunir deux autres espèces qui ont les feuilles dentées, m'ont décidé à abandonner le nom de Linnée pour prendre celui de *polymorpha*, qui exprime la diversité de ses feuilles. Elle deviendra surtout très claire, si l'on peut ajouter avec certitude les caractères suivants pris d'un échantillon récolté dans la Caroline méridionale, et envoyé par Fraser, et qui est dans l'herbier De Candolle : lobe moyen de la lèvre supérieure du calice (écuelle), plus grand que le reste de ce calice ; hémicarpelles presque sphériques, noirs et tuberculeux. Cet accroissement considérable de l'écuelle serait d'autant plus remarquable qu'elle est très petite au moment de la fleuraison.

A. — *hyssopifolia* (Arth. Hamilt.) feuilles lancéolées-linéaires, entières, courtement pétiolées, portant souvent à leur aisselle des faisceaux de feuilles ou rameaux peu développés. — Habite Philadelphie. *S. hyssopifolia*, Linn. spec. 836? Willd. spec. 3, p. 174, n. 12. Pers. ench. 2, p. 136, n. 15. Poir. encycl. 7, p. 706, n. 15. (*Variété à feuilles de romarin de la toque variable.*) Vue dans l'herbier De Candolle, communiquée par M. Torrey, et dans l'herbier Balbis, donnée par M. Bernhardi.

B. — *teucriifolia* (Arth. Hamilt.) feuilles inférieures ovoïdes, obscurement, mais largement dentées en scie, supérieures oblongues - linéaires. — Habite la Caroline méridionale. *S. integrifolia*, Linn. spec. 836, n. 8. Poir. encycl. 7, p. 706, n. 15. var. χ. Willd. spec. 3, p. 173, n. 9. Spreng. syst. 2, p. 702, n. 29. (*Var. à feuilles de germandrée de la toque variable.*) Vue dans l'herbier De Candolle, communiquée par M. Bosc.

C. — *ovalifolia* (Arth. Hamilt.); toutes les feuilles ovales, obtuses, en forme de coin à leur base, largement et peu profondément crénelées. — Habite la Caroline méridionale. *S. ovalifolia*, Pers. ench. 2, p. 136, n. 14. Poir. encycl. 7, p. 706, n. 15, sous le nom de *S. integrifolia* γ. *S. pilosa*, Mich. fl. bor. am. 2, p. 11. Pers. ench. 2,

p. 136, n. 8. Poir. encycl. 7, p. 704, n. 8. Spreng. syst. 2, p. 703, n. 35. *S. Caroliniana*, Walt. fl. car. p. 163. Pluk. alm. p. 338, t. 313, fig. 4. (*Var. à feuilles ovales de la toque variable.*) Vue dans l'herbier De Candolle et Balbis.

41? S. RUMICIFOLIA (Humb. et Bonpl. nov. gen. et spec. 2, p. 324); tige rameuse, glabre; feuilles en cœur et sagittées, obtuses, entières, glabres, les supérieures ovales-lancéolées; calice campanulé... ; hémicarpelles ovoïdes. — (*Vivace.*) Habite le Mexique, près de Xalapa. Spreng. syst. 2, p 701, n. 10. Fleurs violâtres pubescentes; pédicelles velus. (*Toque à feuilles d'oseille.*)

Le lobe moyen de la lèvre supérieure du calice et les hémicarpelles n'étant pas mentionnés, ainsi que la face inférieure des feuilles, il restera par l'examen des échantillons originaux à compléter cette description. Sa position est conséquemment incertaine.

42? S. COCCINEA (Humb. et Bonpl. nov. gen. et spec. 2, p. 324); tige dressée, rameuse, faiblement pubescente; feuilles oblongues, entières, pétiolées, pubescentes sur les nervures, rigides, violettes en dessous; pédicelles pubescents; bractées lancéolées, obtuses, pubescentes; corolle écarlate, presque glabre. — (*Vivace.*) Habite le Mexique. Description à compléter. (*Toque écarlate.*)

Espèces peu connues.

43. S. AMBIGUA (Nutt. d'après Spreng. syst. 2, p. 701, n. 5); tige couchée, rameuse; feuilles ovées, à dents écartées, pubérulentes en dessous; fleurs petites. — Habite les rives de l'Ohio. (*S.* ou *toque ambiguë.*)

44. S. HUMILIS (R. Brown, d'après Spreng. syst. 2, p. 701, n. 8); feuilles cordiformes, ovoïdes, largement crénelées, pubescentes et ponctuées en dessous. — Habite la Nouvelle-Hollande. (*S.* ou *toque humble.*)

45. S. MOLLIS (R. Brown, d'après Spreng. syst. 2, p. 701, n. 9); feuilles cordiformes-oblongues, incisées-crénelées, à poils glanduleux; pédicelles égalant les pétioles. — Habite la Nouvelle-Hollande. (*S.* ou *toque molle.*)

46. S. NERVOSA (Pursh, d'après Spreng. syst. 2, p. 703, n. 34); grape de fleurs lâche, feuillée; feuilles sessiles, ovales, dentées, nervées et glabres, ainsi que les tiges. — Habite la Virginie. (*S.* ou *toque nerveuse.*)

47. S. RACEMOSA (Pers. ench. 2, p. 136, n. 13); feuilles hastées-lancéolées; fleurs en grape simple — Vue par M. Persoon dans l'herbier de Jussieu, venant de Monte-Video. (*S.* ou *toque en grape.*)

48. S. CANESCENS (Nutt. d'après Spreng. syst. 2, p. 703, n. 37); bractées ovales-lancéolées, plus longues que les calices; feuilles presque cordiformes-ovales, aiguës, dentées en scie, incanes en dessous. — Habite les rives de l'Ohio. (*S.* ou *toque canescente.*)

Espèces qui ne me sont connues que par leur nom, sans en avoir trouvé ni description, ni exemplaire.

49. S. ANGUSTIFOLIA, Purth.

50. DECUMBENS, Sieb. M. Spreng. syst. 2, p. 702, n. 19, la rapporte à la *S. hirta.*

51. INCANA, Spreng. d'après Stendel nomenclator.

52. VERNA, Bess. d'après Stendel nomenclator.

DESCRIPTION

DU GENRE ET DES ESPÈCES

DE

SCORODONIA,

MŒNCH METH. p. 384. (*Scutellaria et Teucrii spec.* LINN.)

PAR M. N. C. SERINGE.

Calice dont le lobe supérieur est en forme d'écuelle, mais concourt à former le limbe; à orifice formé de cinq lobes bien distincts, le supérieur presque orbiculaire, mucroné et réticulé, les deux latéraux beaucoup plus courts, et les deux inférieurs profonds et souvent épineux; tube cylindrique, en forme de bourse ou scrotum à sa base, persistant en totalité à la maturité; fleurs naissant à l'aisselle de bractées sétacées ou ovoïdes, disposées en grape simple serrée ou en grape dont toutes les fleurs sont dirigées d'un seul côté ou écartées les unes des autres, placées sur quatre rangs réguliers aux aisselles des bractées découpées comme les feuilles; hémicarpelles presque sphériques, souvent irrégulièrement enfractueux, largement ombiliqués, à radicule supérieure courte et légèrement inclinée vers le dos de l'un des cotylédons.

Ce genre, le plus voisin des *Scutellaires* ou *Toques*, en diffère cependant par des caractères bien tranchés. D'abord, son calice présente une bourse ou cul-de-sac bien prononcé à sa base ; son limbe est à cinq lobes entièrement libres au sommet, au lieu d'avoir les trois supérieurs soudés, non seulement dans la partie qui forme le tube, mais encore par leur sommet, et forment ensemble une écuelle à double fond dans le genre *Scutellaria*, tandis que dans les *Scorodonia*, le lobe supérieur forme seul l'écuelle ou est plus large que les autres (dans le § 3 seul, le lobe supérieur est semblable aux autres). En outre, ce dernier diffère encore des *Scutellaria*, en ce que la radicule très courte est peu courbée vers le dos de l'un des cotylédons. La forme de l'embryon de ce genre se reconnaît d'ailleurs assez bien sans ouvrir les graines ; elles sont presque rondes, et ont la radicule un peu saillante du côté supérieur de l'ombilic, et soulèvent conséquemment un peu les enveloppes ; d'ailleurs, au centre de ce que je nomme ici improprement ombilic, qui est très large, se trouve un mamelon saillant qui probablement est le véritable ombilic. Je n'ai pu préciser la forme de la lèvre supérieure de la corolle, ayant besoin de la revoir fraîche dans les différentes espèces.

D'après tous ces caractères, j'avais formé le genre *Scrotalaria* ; mais en faisant des recherches à son égard dans les auteurs, j'ai trouvé que je n'avais à ajouter aux caractères de ce genre, tels qu'ils ont été écrits par Mœnch, que la disposition de la radicule à l'égard des cotylédons. J'avais créé mon genre *Scrotalaria* pour le *Teucrium Arduini*, qui a pour synonyme la *Scutellaria Cretica*, et j'avais senti qu'il fallait y joindre quelques *Teucrium* que j'y avais déja transportés, lorsque, ouvrant Mœnch, j'ai vu que toutes les espèces que j'avais rapportées à mon nouveau genre s'y trouvaient déja, même avec des noms spécifiques, excepté celle qui m'avait mené à cette découverte. Je n'ai donc fait qu'ajouter aux espèces de *Mœnch*, auteur dont M. De Candolle s'est aussi empressé de reconnaître le mérite, le *S. Arduini*.

Par le lobe supérieur de son calice, ce genre serait voisin des *Ocymum*; mais les graines de ce dernier, qui sont allongées, ne me font pas présumer que son embryon soit courbé.

§ 1. *Fleurs disposées en épi serré et dirigées dans tous les sens, lobe supérieur du calice cordiforme acuminé.*

1. S. Arduini (N. C. Ser.), couverte de poils roux et fermes sur toutes ses parties; feuilles ovoïdes, largement dentées en scie; fleurs disposées en épi très serré; bractées linéaires, sétacées, dépassant le calice. — (*Vivace.*) Habite la Crète. *Scutellaria Cretica*, Linn. spec. p. 836, n. 13. Willd. spec. 3, p. 177, n. 17. Pers. ench. 2, p. 137, n. 22. *Teucrium Arduini*, Linn. mant. 81. Willd. spec. 3, p. 22, n. 20. Pers. ench. 2, p. 111, n. 22. Spreng. syst. 2, p. 710, n. 58. Schreb. unilab. 40, n. 37. (*Scorodonie d'Arduini.*) Vue dans l'herbier De Candolle, envoyée par M. d'Urville, sous le nom de *Scutellaria Cretica.*

Cette espèce se distingue facilement des autres par l'aspect jaunâtre de ses épis très fournis, ses calices divergents et presque réfléchis, couverts de poils roussâtres, fermes et pointus, et ses longues bractées linéaires bordées des mêmes poils.

2. S. SPICATA (Mœnch meth. p. 385), garnie de poils mous et blanchâtres; feuilles cordiformes-oblongues, obtuses, crénelées, incanes en dessous; fleurs disposées en épi serré; bractées linéaires, sétacées, de la longueur du calice; fruits enfractueux, garnis de petites granulations comme crystallines éparses.—(*Vivace.*) Habite la Perse boréale, le Caucase. *Teucrium Hircanicum*, Linn. spec. 789, n. 16. Willd. spec. 3, p. 24, n. 26. Pers. ench. 2, p. 111, n. 28. Arduin. spec. 13, t. 4. Spreng. syst. 2, p. 710, n. 40. (*Scorodonie en épi.*) Vue fraîche et sèche.

Cette plante, très connue, rentre certainement dans ce genre; c'est au *Scorodonia Arduini* qu'elle ressemble le plus, soit par ses bractées, le sac de son calice, et son lobe supérieur aussi demi-transparent et réticulé. D'ailleurs, le tube est caché par des poils blanchâtres qui le couvrent; les fleurs sont violâtres, et leurs étamines très saillantes; ses feuilles sont cordiformes-oblongues, obtuses. Je n'ai pas cru devoir rétablir le nom spécifique de Linnée, que Mœnch a eu tort d'abandonner, pour ne pas augmenter encore la synonymie déja beaucoup trop grande. J'aurais bien pu reprendre le nom de *Hircanica*, d'autant plus facilement que le *S. Arduini* a aussi les fleurs en épi (ou mieux en grape simple); mais je me serais aussi vu forcé d'effacer celui de *heteromalla*, car toutes les espèces du second paragraphe ont les fleurs tournées d'un seul côté.

§ 2. *Fleurs disposées en épi lâche, et dirigées d'un seul côté, lobe supérieur du calice cordiforme acuminé.*

3. S. HETEROMALLA (Mœnch meth. p. 384), couverte de poils mous blanchâtres; feuilles cordiformes-ovoïdes, légèrement crépues, blanchâtres et tomenteuses en dessous; fleurs portées sur des pédicelles plus courts que les calices; bractées ovoïdes, acuminées, environ de la longueur du pédicelle; hémicarpelles lisses, noirs.—(*Vivace.*) Habite les lisières des bois et les broussailles de l'Europe. *Teucrium scorodonia*, Linn. spec. p. 789, n. 18. Willd. spec. 3, p. 24, n. 27. Pers. ench. 2, p. 111, n. 30. Spreng. syst. 2, p. 710, n. 60. Lobel icon. 497, f. 2. (*Scorodonie sauge des bois.*) Vue fraîche et sèche.

Cette espèce, très commune en Europe, se distingue à ses feuilles cordiformes, grandes, crépues à la manière de la *Sauge officinale*, et à ses grapes de fleurs unilatérales nombreuses, disposées en panicules au sommet des tiges.

4. S. FONTANESIANA (N. C. Ser.); tige ligneuse; grapes simples axillaires; feuilles cordiformes-oblongues, dentées, rugueuses, incanes en dessous; bractées courtes.—(*Vivace.*) Habite la Numidie. *Teucrium pseuscorodonia*, Desf. fl. atl. 2, p. 5, t. 119. Willd. spec. 2, p. 25, n. 29. Pers. ench. 2, p. 111, n. 31. Spreng. syst. 2, p. 710, n. 61. (*Scorodonie de Desfontaines.*)

N'ayant point vu la figure que M. Desfontaines donne de son espèce, je ne puis faire une diagnose qui la distingue mieux de la *S. heteromalla*; mais d'après ce qu'il note du lobe supérieur du calice (calycis labio superiore ovato), je ne doute pas que cet ancien *Teucrium* ne rentre dans le genre *Scorodonia.*

5. S. Massiliensis (N. C. Ser.), couverte de poils mous blanchâtres; tige très rameuse dès la base; feuilles ovoïdes, presque cunéiformes à leur base, crépues, d'un vert blanchâtre, crénelées; fleurs portées sur des pédicelles tomenteux de la longueur du calice; bractées obovées, plus longues que le pédicelle; hémicarpelles..... — (*Vivace.*) Habite la France méridionale. *Teucrium Massiliense*, Linn. spec. 789, n. 19. Willd. spec. 3, p. 26, n. 32. Pers. ench. 2, p. 111, n. 34. Spreng. syst. 2, p. 711, n. 67. *T. odoratum*, Lam. fl. fr. 2, p. 413. *Scorodonia cordata*, Mœnch meth. 385. (*Scorodonie de Provence.*) Vue dans les herb. De Candolle et Seringe.

Se distingue certainement de la précédente par ses petites feuilles non échancrées à leur base, mais se terminant insensiblement en pétiole; ses fleurs sont rougeâtres et plus petites que celles de la *S. heteromalla.* D'ailleurs, la plante est plus petite dans toutes ses parties. Je n'en connais pas les fruits. Je me suis décidé à changer le nom que lui avait donné Mœnch, parce que je ne l'ai pas vue à feuilles en cœur, et que les auteurs la décrivent tous avec des feuilles oblongues-ovées.

6. S. lancifolia (Mœnch meth. p. 384), pubescente; tiges filiformes, couchées inférieurement; feuilles linéaires, crénelées, rugueuses, cunéiformes à leur base; calice plus court que le pédicelle pendant la fructification; bractées linéaires-lancéolées, environ de la longueur des fleurs; hé-

micarpelles....—(*Vivace.*) Habite les Indes orientales. *Teucrium Asiaticum*, Linn. mant. 80. Jacq. hort. p. 24, t. 41. Willd. spec. 3, p. 21, n. 18. Spreng. syst. 2, p. 707, n. 8. (*Scorodonie à feuilles linéaires.*) Vue sèche.

Cette espèce ne peut se confondre avec aucune des autres, car c'est la seule encore à feuilles linéaires. J'ai été sur le point de changer le nom que lui a donné Mœnch, qui n'a pas été aussi heureux dans ses dénominations d'espèces que dans ses observations. En changeant le nom d'*Asiaticum*, il aurait au moins dû le remplacer par un meilleur que celui de *lancifolium*.

§ 3. *Fleurs placées sur quatre rangs aux aisselles des feuilles, dès la base des tiges ou rameaux, et dirigées dans tous les sens; lobe supérieur du calice semblable aux quatre autres.*

7. S. Botrys (N. C. Ser.); feuilles courtement ovoïdes-pinnatilobées, à lobes divisés en deux, trois ou cinq petits lobes obtus; calice irrégulièrement campanulé, à large cul-de-sac. (Annuelle.) — Habite les champs de l'Europe. *Teucrium Botrys*, Linn. spec. 786. n. 3, ainsi que tous les autres auteurs. Varie des fleurs rouge-vineux au blanc. (*Scorodonie Botryde.*)

Cette espèce n'est rapportée avec un peu d'incertitude au genre *Scorodonie*, qu'à cause du lobe supérieur de son calice, semblable aux quatre autres; car les hémicarpelles présentent aussi la forme presque sphérique (très enfractueuse dans cette espèce), le large ombilic propre à ce genre, au milieu duquel est un gros mamelon (probablement le vrai ombilic), comme dans toutes les espèces que j'ai eu occasion de voir dans les deux paragraphes précédents.

D'après l'examen de mon herbier, je n'ai pu rapporter d'autres *Teucrium* au genre *Scorodonia*; mais il se pourrait que par la suite on en trouvât qui dussent y entrer.

EXPLICATION DES PLANCHES.

TABLE Ire.

SCUTELLARIA ALBIDA.

Fig. A. Partie supérieure d'une tige, munie en *a** de ses feuilles cordiformes-lancéolées, dentées en scie, à dents obtuses.

*b** Bractées entières, lancéolées, dirigées d'un seul côté (le supérieur).

*c** Fleurs de grandeur naturelle, naissant solitairement de l'aisselle des deux bractées opposées, et déjetée du côté inférieur du rameau.

Fig. 1. Calice grandi, avant l'apparition de la corolle, vu à vol d'oiseau. — *a*, sépale supérieur à l'état rudimentaire. — *b*, *b*, sommets des lobes latéraux du calice. — *c*, sommet de la lèvre inférieure du calice.

Fig. 2. Calice grandi, avant l'épanouissement de la corolle, vu de profil. — *a*, sépale supérieur à l'état rudimentaire. — *b*, les deux sépales latéraux de la lèvre supérieure soudés et formant réellement la lèvre supérieure. — *c*, lèvre inférieure.

Fig. 3. Calice grossi, vu de profil, avant l'épanouissement de la corolle. — *a*, sépale supérieur un peu plus développé que dans la fig. 2. — *b*, sépales latéraux paraissant un peu moins grands en proportion de l'accroissement du sépale supérieur. — *c*, lèvre inférieure du calice.

Fig. 4. Calice grossi, vu du côté de sa lèvre supérieure.— *a*, sépale supérieur. — *b*, lèvre supérieure du calice formée des deux sépales latéraux.

Fig. 5. Calice grossi vu par sa lèvre inférieure. — *b*, lèvre supérieure. — *c*, lèvre inférieure. Toutes deux légèrement échancrées dans leur jeunesse.

Fig. 6. Calice grossi, plus avancé et vu de profil, de sorte que le sépale supérieur (en *a*) est presque aussi long que les latéraux (*b*). — *c*, lèvre inférieure.

Fig. 7. Calice moins grossi, avant la fleuraison, vu de profil, et dont le sépale supérieur (en *a*) a pris beaucoup de développement, tandis que les sépales latéraux et inférieurs sont en proportion petits (*b*, *c*).

Fig. 8. Calice grossi, figuré au moment de la fleuraison, dont le sépale supérieur est très grand et fortement concave. — *b*, *c*, les quatre autres sépales formant les deux lèvres, écartées dans cette figure par la corolle qui a été enlevée.

Fig. 9. Calice grossi, à la chute de la corolle, vu de trois quarts par sa face intérieure (ou vers l'axe des fleurs). — *a*, sépale supérieur dans tout son développement. — *b*, *c*, les deux lèvres formées par les quatre autres sépales.

Fig. 10. Calice grossi, vu de trois quarts, coupé en long, présentant dans le fond l'axe floral prolongé en cône, qui porte à son sommet les deux carpelles didymes. En *a*, se voit la concavité du sépale supérieur ; en *b*, est une partie des sépales supérieurs dont la partie ascendante a été entraînée par le développement du sépale supérieur ; entre deux est l'espace vide ou intervalle du double fond ; en *c*, se voient les deux sépales inférieurs ; entre *b* et *c*, est l'orifice ouvert par la corolle (supprimée dans cette figure).

Fig. 11. Lèvre inférieure du calice grandi, présentant son mode de rupture à la maturité, montrant en *c* cette lèvre, en *m* l'axe floral prolongé, en *n* l'ovaire, et en *o* le style.

Fig. 12. Calice considérablement grossi, se rompant entre la lèvre supérieure et l'inférieure. — *a*, sépale supérieur vu par sa convexité. — *b*, les deux sépales latéraux soudés, et à leur centre la concavité qui existe sous ces deux sépales. — *c*, lèvre inférieure légèrement échancrée. — *m*, axe floral prolongé. — *n*, les quatre graines enveloppées dans les deux carpelles.

Fig. 13. Fleur complète, avant son épanouissement, et grossie. — *a*, sépale supérieur en écuelle. — *b*, lèvre supérieure du calice. — *c*, lèvre inférieure. — *d*, portion de la lèvre supérieure de la corolle. — *e*, lobes latéraux de la lèvre inférieure de la corolle. — *f*, son lobe moyen, le plus intérieur de tous.

Fig. 14. La même figure que le n° 13, mais vue de trois quarts.

Fig. 15. Fleur très grossie, représentée dans son entier développement et de profil. — *a*, sépale supérieur. — *b*, lèvre supérieure du calice. — *c*, sa lèvre inférieure. — *d*, lèvre supérieure de la corolle. — *e*, *e*, lobes latéraux de la lèvre inférieure de la corolle. — *f*, sa lèvre inférieure.

Fig. 16. Fleur très grossie, vue de face, présentant en *a* le sépale supérieur ou écuelle. — *c*, lèvre inférieure du calice. — *d*, lèvre supérieure de la corolle entourant les étamines. — *e*, *e*, lobes latéraux. — *f*, lobe moyen de la lèvre inférieure de la corolle.

Fig. 17. Corolle et androcé considérablement grossis. La première fendue d'un côté, entre la lèvre inférieure et la supérieure. — *d*, lèvre supérieure. — *e*, *e*, lobes latéraux de la lèvre inférieure. — *f*, lèvre inférieure. — *g*, les deux grandes étamines soudées à la corolle devant sa lèvre supérieure. — *h*, *h*, les deux petites.

Fig. 18. Portion libre de l'androcé très grossi, et style terminé par son stigmate fourchu, le tout très grossi. — *i*, *i*, filets des grandes étamines. — *j*, *j*, anthères des étamines courtes. — *k*, connectif des longues étamines. — *l*, stigmate fourchu.

Fig. 19. Les mêmes organes vus de profil et très grossis.

Fig. 20. Axe floral grossi représenté après avoir donné naissance à la corolle, et vu de la lèvre inférieure à la supérieure. — *m*, l'axe floral lui-même. — *n*, l'ovaire très jeune. — *o*, la base du style.

Fig. 21. Le même vu de profil.

Fig. 22. Graine très grossie, coupée longitudinalement. — *p*, hémicarpelle chagriné. — *q*, spermoderme. — *r*, *r*, cotylédons. — *s*, radicule courbée sur le dos de l'un des cotylédons.

Fig. 23. Embryon très grossi, privé de ses enveloppes. — *r*, *r*, cotylédons. — *s*, radicule fléchie sur le dos de l'un de ces cotylédons.

Fig. 24. Le même, vu aussi de profil, dont toutes les parties sont écartées les unes des autres.

Fig. 25. Le même, vu de face, présentant le dos de l'un des cotylédons, sur lequel la radicule est courbée.

Fig. 26. Coupe transversale de l'embryon grossi. — *r*, *r*, cotylédons. — *s*, radicule.

Fig. 27. Embryon droit d'une Sauge

Fig. 28. Exemple de Convolutariée du genre Phryma.

TABLE IIe.

Fig. 1. Scutellaria Wallichiana.

Fig. 2. Scutellaria pinnatifida.

Fig. 3. Scutellaria Adamsii.

TABLE MÉTHODIQUE

DES ESPÈCES.

SCUTELLARIA, Linn.

SCORODONIA, Mœnch.

EXPLICATION DES PLANCHES.

Tab. 1. Scutellaria albida.

Tab. 2.

Fig. 1. Scutellaria Wallichiana.
2. Scutellaria pinnatifida.
3. Scutellaria Adamsii.

CATALOGUE ALPHABÉTIQUE

Des *sections*, *espèces* et *variétés* des genres *Scutellaria*, *Scorodonia* et *Teucrium*.

Nota. Les sections sont en petites capitales, les espèces en caractères ordinaires, et les variétés sont en italiques. Les numéros sont ceux des espèces.

Teucrium

....

Mémoire

SUR

L'EMBRYON DES LABIÉES,

Par M. N. C. Seringe.

Journellement l'étude de l'anatomie offre de nouveaux moyens, soit d'apprécier les classifications, soit d'en créer de nouvelles. Malgré qu'elle occupe les botanistes, et qu'elle ait fait des progrès dans cette grande classe d'êtres organisés, on est cependant encore loin de connaître tout ce qu'elle peut offrir d'important. L'examen de l'embryon des Labiées vient encore nous en offrir une nouvelle preuve.

De tout temps, cette famille a été sentie par les botanistes; Linnée seul a osé l'entamer, et encore probablement avec l'intention de rendre son systême le moins exceptionnel possible.

Dans les familles qui sont très naturelles, on trouve souvent une telle uniformité dans la manière d'être de la majorité des organes, que l'on est peut-être moins tenté de les comparer. Ce ne sera jamais qu'en étudiant les corps de la nature dans le but de les réunir en groupes naturels ou familles, que l'on fera faire à l'histoire naturelle de véritables progrès; aussi, n'est-ce que depuis que les botanistes ont pris cette marche dans leurs classifications, que la science a avancé. Un but de classification artificielle exigeant moins de connaissances pour offrir une certaine facilité à l'élève, celui-ci sera limité, pour ainsi dire, dans ses recherches, et ne pourra jamais étendre ses idées, tant qu'il sera sous l'impression de ce systême. Aussi, tout botaniste qui voudra augmenter ses connaissances au moyen du seul systême sexuel de Linné, quoique très ingénieux, ne parviendra jamais à donner à ses lecteurs ou à ses auditeurs une grande idée de la création, ni à faire faire à la science de véritables progrès.

Dans les Labiées, comme on a toujours observé des embryons droits, on a cru, sans se donner la peine de comparer les graines de tous les genres, que toutes étaient ainsi conformées. L'examen que j'ai été appelé dernièrement à faire du travail de l'un de mes élèves, sur le genre *Scutellaria*, m'a porté à en disséquer quelques graines, et m'a offert l'occasion de diviser très naturellement, mais fort inégalement, cette famille en trois sous-familles.

Plusieurs travaux importants ont été faits depuis peu d'années sur les Labiées. M. *de Gingius-Lassaraz* a publié une excellente Monographie du genre *Lavandula*, dans laquelle il a donné des analyses très soignées des organes.

Depuis, M. *George Bentham* a fait connaître une distribution des genres des Labiés en sept tribus, basées sur la forme de la corolle et sur celle des étamines ; c'est dans le quinzième volume du *Botanical-Registre*, p. 1282 à 1300 (1), et dans le somptueux ouvrage que M. *Wallich* publie sous le titre de *Plantæ Asiaticæ rariores*, que se trouvent consignés ces travaux. Cet habile botaniste avait déja débuté très avantageusement par un ouvrage publié sous le titre modeste de *Catalogue des plantes indigènes des Pyrénées et du Bas-Languedoc*, et qui décèle un observateur profond et un critique sévère.

Je ne chercherai pas à prolonger ce petit mémoire par la récapitulation de tous les caractères des Labiées, déja connus de tout le monde; je me bornerai à donner quelques détails sur les objets ou moins connus, ou nouveaux.

On sait que le calice des plantes de cette famille est formé de cinq sépales soudés entre eux plus ou moins haut, et qu'en général ils sont diversement terminés par des dents ou des crénelures, des épines, etc. Leurs cinq sommets sont souvent distincts, égaux ou inégaux entre eux ; quelquefois ils sont soudés en deux lèvres, dont la supérieure est formée de trois sépales parfois tellement unis, que le calice paraît n'être composé que d'un sépale à la lèvre supérieure, et de deux en bas. Celui des *Scutellaires* offre un exemple peut-être unique de soudure. Dans la lèvre supérieure, le sépale moyen (ou celui qui répond à l'axe des fleurs) a ses bords complétement adhérents aux deux bords supérieurs des sépales latéraux, qui sont en outre complétement soudés

(1) Et Seringe bull. bot. 1, p. 193.

l'un à l'autre par leur sommet, de sorte que le sépale supérieur, enclavé de toute part et très petit avant la fleuraison, ne peut s'allonger qu'en entraînant obliquement en haut le bord supérieur des deux sépales latéraux, de manière à former en dedans une grande excavation. Ce sépale supérieur, qui continue presque seul à se développer jusqu'à la maturité du fruit, prend successivement la forme d'une espèce d'écuelle, d'où est venu au genre le nom de *Scutellaria*, que l'on a traduit en français par *Toque*, offrant quelque ressemblance avec cette espèce de coiffure.

La *corolle* est le plus souvent à deux lèvres bien prononcées; la supérieure ou interne (relativement à l'axe des fleurs) est formée de deux pétales soudés plus ou moins haut, et alors leur limbe est rarement à peine visible. La lèvre inférieure, formée de trois pétales soudés, sont libres au sommet, et forment trois lobes qui varient beaucoup de forme d'un genre à l'autre.

L'*androcé*, qui devrait être dans l'ordre quinaire des sépales et pétales, ne s'est encore observé dans les Labiées que dans l'ordre quaternaire ou rarement binaire. Il est soudé dans la partie inférieure des filets des étamines au tube de la corolle. Dans cette famille, l'avortement a lieu dans cet organe du centre de l'axe des fleurs à sa circonférence, de sorte que l'étamine la plus supérieure de chacune des fleurs manque; mais tôt ou tard on trouvera sûrement des fleurs qui tendront à devenir régulières, et alors on y observera cette cinquième étamine. Dans les *Antirrhinées* et les *Sésamées*, familles très voisines des *Labiées*, on rencontre souvent cette cinquième étamine diversement modifiée.

Dans les Labiées à quatre étamines fertiles, les deux supérieures, presque constamment plus courtes par leur tendance à l'avortement, qu'elles doivent probablement à la pression, sont celles qui, dans la fleur, semblent les plus intérieures des quatre. Toutes les étamines sont placées devant les sinus de la corolle; si elles manquent, cette place reste vide. Les deux étamines les plus grandes (quand il y en a quatre) sont celles qui ne manquent jamais; elles sont devant les sinus que présentent les trois lobes de la lèvre inférieure de la corolle, qui, comme l'on sait, sont alternes avec les deux lobes de la lèvre inférieure du calice. Dans les Labiées à deux étamines, que Linné s'est vu forcé de retirer de la Didynamie pour les reporter dans la Diandrie (les *Salvia*, par exemple), on trouve souvent les deux étamines moyennes demi-avortées et à anthères stériles, et quelquefois l'androcé est réduit strictement aux deux étamines les plus inférieures, sans aucun rudiment de l'autre paire.

Le quatrième anneau, ou plutôt la quatrième spire de la fleur, qui dans la plupart des fleurs occupe le centre, présente encore moins cette symétrie quinaire du calice et de la corolle, laquelle commence à diminuer dans l'androcé. Quant à moi, il est réduit à l'ordre binaire, comme dans les *Borraginées*, avec lesquelles cet organe a la plus grande analogie. Linné pensait que les Labiées n'offraient qu'un seul pistil, et cela parce qu'il ne voyait qu'un style; mais tout le monde sait que souvent il est plus ou moins profondément fourchu au sommet. M. *De Candolle*, qui a déja développé des idées si philosophiques sur les organes des végétaux, vient encore de fournir un exemple qui tend à prouver que l'état vraiment symétrique du fruit des Labiées est le nombre quinaire. Dans sa quatrième *Notice sur les plantes rares* cultivées dans le jardin de Genève, il a fait figurer la *Salvia Cretica*, qui, au lieu de présenter quatre loges au fruit surmonté de deux styles soudés presque jusqu'au sommet terminé en deux stygmates aigus, offre deux styles distincts (pl. 3, f. 12 et 13) dès leur base qui porte deux graines, et en outre, dans la même fleur, se trouvent souvent deux ou quatre autres renflements surmontés deux à deux de styles assez mal développés, ou entièrement avortés. Voilà donc déja un fruit à six ou huit loges, au lieu de quatre que l'on trouve ordinairement, et qui conséquemment est dû à trois ou quatre carpelles. Dans quelques fleurs de la plante citée, il existe aussi des styles soudés comme on les voit ordinairement dans les Labiées. A la base des deux styles se trouvent donc ce que Linné nomme quatre graines nues, placées au fond du calice persistant presque toujours, et ce sont ces corps qui sont plus particulièrement l'objet de ce mémoire. Les botanistes observateurs savent actuellement que le fruit le plus simple qu'on puisse trouver, est formé d'une simple feuille plus ou moins courbée d'un bord à l'autre, lesquels sont garnis d'un certain nombre d'ovules ou de graines, et que cet ensemble est ce que l'on nomme carpelle; c'est à l'augmentation du nombre de ces carpelles, à leur non-adhérence ou à leur soudure, en peu de mots, à leurs modifications infinies, ainsi qu'à la présence ou à l'absence des bractées, qu'il faut rapporter toutes les complications qu'offrent les fruits. On sait aussi que ces carpelles peuvent se rompre de bien des manières à l'époque de la maturité, par une prédisposition organique, etc. C'est une de ces modifications extraordinaires, difficiles à concevoir, que M. de Gingins a bien développée. Les quatre prétendues graines nues de Linné, qui ont servi à former le premier ordre (Gymnospermie) de sa Didynamie, sont véritablement deux carpelles embrassant étroitement chacun deux graines qui sont si étroitement et si complétement entourées, qu'à la maturité, elles se décollent de l'axe qui les portait, presque entièrement enfermées dans la moitié du carpelle qui s'est séparé de son autre moitié et de l'autre moitié de celui placé devant lui. J'ai cependant vu un *Teucrium*, dont je ne sais plus le nom spécifique, où le carpelle entier se décollait du voisin, sans se séparer lui-même en deux portions.

Malgré qu'il faille tendre continuellement à supprimer en histoire naturelle des noms substantifs qui n'ont servi qu'à exprimer des nuances de modifications d'organes, pour les remplacer par des adjectifs, je crois que cet état du carpelle mérite un nom propre, et je propose celui d'*hémicarpelle*, qui ne peut être confondu avec le mot de *méricarpe* employé par M. De Candolle pour le fruit des ombellifères, lequel à la maturité se partage en deux carpelles, chacun monosperme et enveloppé dans la partie où ils ne sont pas en contact l'un à l'autre par la moitié du calice. Ce mot de *hémicarpelle* est d'ailleurs applicable non seulement aux Labiées, mais encore aux Borraginées, et pourra l'être à quelques autres demi-carpelles clos, mono ou polyspermes.

La véritable graine a la forme de l'hémicarpelle, qui est plus ou moins aplati suivant celle de l'embryon, qui, peut-être dans un seul genre, est accompagné d'un albumen. Cet embryon est droit dans la plupart des genres (*Salvia*, *Lavandula*, etc.), et c'est ce qui constitue ma sous-famille des *Rectembryées*. Les *Scutellaria* Linn. et *Scorodonia* Mœnch et Ser. présentent, comme dans le premier cas, les cotylédons planes et appliqués face à face; mais la radicule est courbée sur le dos de l'un des cotylédons, ou autrement dit, ce sont des cotylédons incombants, et je donne à cette sous-famille le nom de *Curvembryée*. Le genre *Phryma* (Lam. illustr. t. 516, f. 4. Gærtn. fruct. t. 75, qui n'est, ainsi que la figure 28 de la table 1 de ce mémoire, qu'une copie de celle de Lamarck) a non seulement la radicule courbée sur le dos de l'un des cotylédons, mais ces cotylédons, aussi appliqués face à face, sont en outre roulés sur l'un de leurs bords, et cet enroulement a pour centre la radicule. Que ce genre appartienne réellement aux Labiées, ou qu'il faille le reporter dans les Verbénacées, ce que je ne soupçonne pas, il n'en formera pas moins au besoin une sous-famille très tranchée que je propose de nommer *Convolutariée*.

Je ne possède ni graines ni échantillons de ce genre *Phryma*; mais la manière singulière dont paraît se rompre le calice, dont la lèvre inférieure paraît persister après la maturité, me le ferait rapprocher du genre *Scutellaria*, soit d'après la courbure de l'embryon, soit d'après le mode de rupture et la persistance d'une partie du calice.

De cette manière, la famille des Labiées se trouverait

fondamentalement divisée très inégalement, il est vrai, en Rectembryées (t. 1, f. 27), Curvembryées (t. 1, f. 24, 25, 26) et Convolutariées (t. 1, f. 28); puis rentreraient avec quelques modifications, dans ces sous-familles, les tribus établies par M. Bentham. Il se pourrait d'ailleurs que lorsqu'on aura mieux étudié la famille, il se trouvât un beaucoup plus grand nombre de genres que je ne l'indique, et dont l'embryon fût courbé de l'une ou de l'autre des deux manières indiquées.

www.ingramcontent.com/pod-product-compliance
Ingram Content Group UK Ltd.
Pitfield, Milton Keynes, MK11 3LW, UK
UKHW022128260726
13993UKWH00003B/1308

9 782329 487335